海洋动物大探秘

海底小纵队

英国 Vampire Squid Productions 有限公司 / 著绘

海豚传媒 / 编

危险猎手

长江出版传媒 | 长江少年儿童出版社

LET'S GO

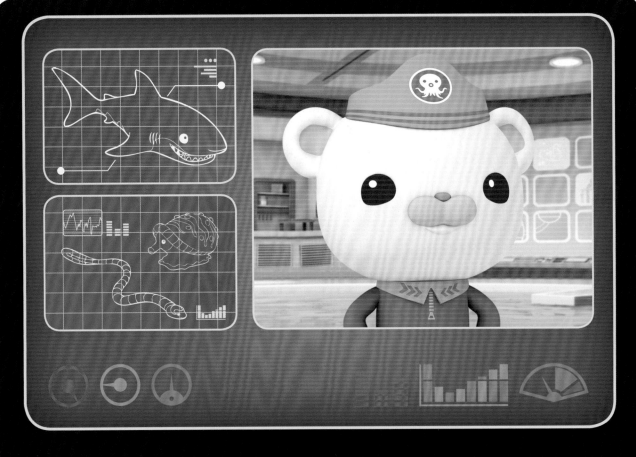

亲爱的小朋友，我是巴克队长！欢迎乘坐章鱼堡，开启美妙的探险之旅。

这次我们将要邂逅九种**非常危险的动物**，你准备好了吗？

现在，一起出发吧！

目 录

海底档案

名称：大白鲨

体长：4~7米

分布：温带及热带海域

食物：海狮、海豹等

终极猎食者
大白鲨

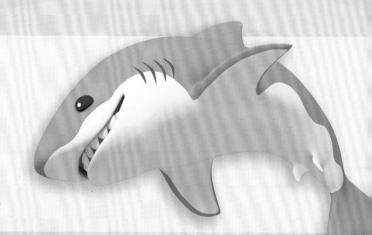

皮医生正在给珊瑚礁里的小动物们体检，一只大白鲨游了过来，想要吃掉皮医生。大白鲨攻击性极强，被认为是海洋杀手。

大白鲨以好奇心强而闻名，它们经常探出水面四处张望，将一切它们感兴趣的东西吞下去。

皮医生：

"我的小乖乖呀，被大白鲨追简直太可怕了。"

此外，大白鲨具有极其敏锐的触觉，它能感觉到生物肌肉收缩时产生的微小电流，并据此来判断猎物的体形和运动情况。

大白鲨的牙齿非常锋利，牙齿背面还有倒钩，猎物一旦被咬住就很难再挣脱。马蹄蟹艇曾经就遭受过大白鲨的攻击。

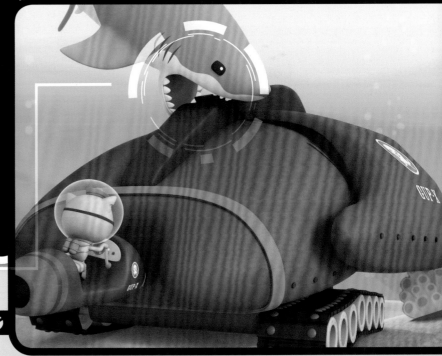

>>>>>海星问答区>>>>> 问：除了大白鲨之外，你还认识其他的鲨鱼吗？

大白鲨需要不停地游动，因为只有这样它们才能从水中获得更多的氧气。当大白鲨的肚皮被翻过来的时候，它们会进入静止状态。

悄悄告诉你

大白鲨的平均体重为2吨，雌性比雄性重。

⋙

大白鲨会通过"翻白眼"的方式来保护自己的眼睛。

⋙

大白鲨的体温比周围水温高，这有助于它们游泳和消化食物。

**** 大白鲨 ****
海底报告

大白鲨像馋嘴猫
遇到东西都会咬
肚皮朝天翻过身
全身放松乐陶陶
有件事情要记牢
游动才呼吸，永远海里跑

答：还有柠檬鲨、双髻鲨、虎鲨等。

危险射击手
鸡心螺

一只鸡心螺附着在虎鲨艇上，被呱唧带回了章鱼堡。鸡心螺也叫芋螺，它的外形既像鸡的心脏，又像芋头。鸡心螺多生活在温暖的海域，在沿海珊瑚礁里和沙滩上较常见。

鸡心螺有着美丽的色彩和花纹，不过可别被它们的外表迷惑，它们体内含有剧毒！

达西西：

"我就曾被鸡心螺袭击过！"

9

鸡心螺可以射出有毒的"鱼叉"，"鱼叉"里的毒液可以快速麻痹猎物。一些鸡心螺的毒性非常强，人一旦被射中可能会有生命危险。

鸡心螺在捕猎的时候，会把身体埋在沙子里，偷偷监视猎物的动静。当有猎物靠近时，就将装满毒液的"鱼叉"射到猎物身上，并将被麻痹的猎物吞入口中。

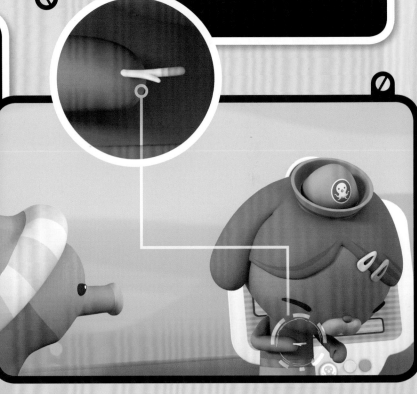

>>>>>海星问答区>>>>> 问：如果在沙滩上遇到一只鸡心螺，可以将它拾起来吗？

为了保证队员的安全，巴克队长不得不将误入章鱼堡的鸡心螺装进一个玻璃罐里，把它送回了家。

悄悄告诉你

鸡心螺的毒素里含有镇痛成分，可以用来提取麻醉剂。

全世界有几百种不同的鸡心螺。

在各种鸡心螺里，以鱼为主要食物的鸡心螺毒性最强。

**** 鸡心螺 ****
海底报告

鸡心螺外壳很漂亮
自卫功夫真的非常强
它们射出灵巧小鱼叉
沾满毒液让人很受伤
好看千万不能摸
蜇到非常疼，找医生帮忙

答：不能，鸡心螺有毒，如果不小心被它蜇到，会有生命危险。

致命小灯笼
琵琶鱼

海底小纵队在午夜区遇到了一条很奇特的鱼。它的头顶上有一个像小灯笼一样的肉状突出，而且还会发光。

原来它是琵琶鱼，主要生活在黑暗的大海深处。琵琶鱼的头特别大而且扁，一张大嘴跟身体一样宽。

皮医生：

"我在午夜区遇见过琵琶鱼哟！"

13

琵琶鱼喜欢静伏于海底或缓慢活动。虽然主要以小型鱼类为食物，但琵琶鱼的一张大嘴可以吞下比自己的身体还大的动物。

皮医生曾经医治过一条琵琶鱼，它的小灯笼被扭弯了。深海中的很多鱼类都有趋光性，小灯笼是琵琶鱼引诱猎物的利器。

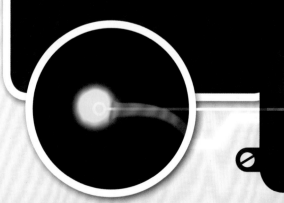

悄悄告诉你

琵琶鱼头上闪烁的小灯笼可以引来小鱼，但也可能吸引来敌人。

当遇到一些凶猛的鱼类时，琵琶鱼会迅速把自己的小灯笼含到嘴里。

不是所有的琵琶鱼都有小灯笼，雄性琵琶鱼就没有。

当小鱼在附近游动时，琵琶鱼就会摇动它的小灯笼，引鱼上钩。待猎物接近时，它便猛地张开大嘴，将猎物一口吞下去。

琵琶鱼远远看上去跟红海藻非常像，这有助于它潜伏捕食和逃避天敌追杀。

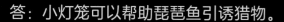

剧毒游侠
扁尾海蛇

一条扁尾海蛇溜进章鱼堡，把卵产在花园舱里，然后又偷偷爬进了皮医生的医药箱。虽然扁尾海蛇很少咬人，但与其他海蛇一样，它的毒性很强。

扁尾海蛇的尾巴不像陆地蛇那样细长，而是像桨一样扁。在海中游泳时，它的尾巴可以像船橹那样左右拨水。

谢灵通：

"咦，这条海蛇为什么会出现在章鱼堡里呢？"

17

扁尾海蛇习惯将卵产在较温暖的海滩上，之后立即回到水中。蛇宝宝们会自己孵化出来，回到海里。那条扁尾海蛇溜进章鱼堡正是为了产卵。

扁尾海蛇的肺特别长，几乎从喉咙一直延伸到它们的尾部。肺既能帮助它们存储空气，还可以控制身体的上浮和下沉。

虽然扁尾海蛇有剧毒，但它们也有天敌。扁尾海蛇在海面上游动时，很容易成为海鸟的目标，另外，有些鲨鱼也以扁尾海蛇为食物。

悄悄告诉你

扁尾海蛇一般栖息于近河口的岩礁中。

⩔

几乎所有海蛇都有剧毒，而且毒性远远强于一般的陆地蛇。

⩔

海蛇具有集群的习性，常常成千上万条聚集在一起顺着洋流漂游。

**** 扁尾海蛇 ****
海底报告

扁尾海蛇身体滑
住在海中乐哈哈
鳞片助它四处爬
能爬上也能爬下
离开大海去产卵
大海和陆地，无腿行天下

答：扁尾海蛇的尾巴不像陆地蛇那样细长，而是像桨一样扁。

海底档案

名称：狮子鱼
体长：25~40厘米
分布：温带海域
食物：甲壳动物、
　　　小型鱼类等

海洋武士
狮子鱼

海底小纵队在一片珊瑚礁里发现了两条狮子鱼。它们看上去就如同京剧演员一般，头上插着翎子，身上还背着靠旗，一副威风凛凛的样子。

狮子鱼多栖息于温带靠近海岸的岩礁或珊瑚礁里，也会在桥桩、沉船残骸以及水草丛附近生活。

巴克队长：

"狮子鱼有毒，大家要小心哟，千万别被它蜇到。"

狮子鱼接近猎物时会快速抖动胸鳍，当猎物被眼前的景象迷惑时，狮子鱼便会突然收起它的鳍，以最快的速度将猎物一口吞下去。

狮子鱼背鳍上的刺毒性很强，即使是鲨鱼也不愿靠近狮子鱼。狮子鱼在半小时内就可以吃掉 20 条小鱼，是一位疯狂的捕食者。

>>>>>海星问答区>>>>> 问：为什么海底小纵队要转移那两条狮子鱼呢？

狮子鱼一旦来到舒适的海洋环境，就会迅速繁殖，给这片海域的生态系统带来威胁。正因如此，海底小纵队将那两条狮子鱼转移到了其他地方。

悄悄告诉你

狮子鱼是世界上最美丽、最奇特的鱼类之一。

❯❯

被狮子鱼蜇得越重越深，毒液所造成的伤害就越大。

❯❯

狮子鱼不善于游泳，喜欢躲在礁石缝中。

＊＊＊＊ 狮子鱼 ＊＊＊＊
海底报告

狮子鱼们会蜇人
保护自己用毒针
发现猎物紧紧跟
一口吞下快又猛
若是离开栖息地
赶紧送回家，否则问题生

答：那里缺少天敌，它们会迅速繁殖，对珊瑚礁里的生物构成威胁。

海底档案

名称：箭毒蛙

体长：1.5~6厘米

分布：热带雨林

食物：果蝇、蚂蚁和
蟋蟀等

雨林猎手
箭毒蛙

海底小纵队在亚马逊河邂逅了一群箭毒蛙。箭毒蛙是世界上外表最美丽的青蛙，同时也是毒性非常强的物种。它们的体形很小，最小的仅有1.5厘米。

呱唧曾想摸一下箭毒蛙，被谢灵通阻止了，原来箭毒蛙的皮肤上有很多毒素。

谢灵通：

"越是美丽的动物可能越危险哟，大家千万小心！"

25

箭毒蛙的食物以果蝇、蚂蚁和蟋蟀为主。它的毒性主要来自于它的食物——蜘蛛，蜘蛛的毒素会被箭毒蛙吸收并转化为自身的毒液。

箭毒蛙有着特殊的育幼行为。雌蛙会将卵产在凤梨科植物附近，因为这些植物的叶片构造出了一个小"池塘"，为蝌蚪的成长发育提供了绝佳的场所。

等蛙卵一旦发育成小蝌蚪，箭毒蛙便将蝌蚪背到有适量积水的"池塘"中，一个"池塘"只安放一只蝌蚪。

悄悄告诉你

蝌蚪是肉食性动物，两只蝌蚪待在一起会自相残杀。

箭毒蛙不需要躲避敌人，因为攻击者不敢接近它们。

并非所有的箭毒蛙都有毒，不同种类的箭毒蛙毒性的大小也不同。

**** 箭毒蛙 ****
# 海底报告

箭毒蛙们身材小
它们不蜇也不咬
皮肤多彩却像毒药
千万别被它们碰到
产下蝌蚪放树梢
树上小水洼，住着小宝宝

答：不行，箭毒蛙的皮肤大多有毒，一旦碰到就可能有生命危险。

海底档案

名称：虎鲨

体长：3~5米

分布：温带及热带海域

食物：无脊椎动物和
　　　甲壳动物等

28

海中之虎
虎 鲨

虎鲨是海里十分凶猛的肉食动物，环境适应能力极强，喜欢阴暗水域。白天它们一般在较深水域活动，夜间则游至水表层或浅水域捕食。

虎鲨的视力非常好，即使在夜晚也可以辨别出方向。突突兔曾经在一只虎鲨的帮助下，逃离了黑暗的洞穴。

突突兔：

"虽然虎鲨帮我逃离了洞穴，但我还是很怕它们。"

虎鲨的锯状牙齿非常锋利，能咬断、磨碎十分坚硬的物体。它们的消化能力也很强，可以消化海龟这样带有坚硬外壳的生物。

虎鲨的食物十分杂乱，能吃的和不能吃的东西，它都吃得下去。无论是塑料瓶、橡胶轮胎还是空铁罐，它都照吃不误。

>>>>>海星问答区>>>>> 问：突突兔的好朋友桑迪遇到虎鲨会有危险吗？

就是因为它们几乎什么都吃，所以虎鲨被称作"海里的垃圾桶"。皮医生曾经帮一只虎鲨夹出了它肚子里的各种垃圾，医治好了它的腹痛。

悄悄告诉你

虎鲨的牙齿永远不会掉光，因为它们的牙床上总是能及时长出新牙。

❯❯

根据身上横纹的宽窄，虎鲨又可以分为狭纹虎鲨和宽纹虎鲨。

❯❯

虎鲨能感觉到远处的鱼群游动时所引起的水流波动。

**** 虎 鲨 ****
# 海底报告

虎鲨游泳非常快
比赛绝不会失败
能在黑暗中捕食
鲨鱼同类也敢吃
遇见什么都吃下
海中垃圾桶，说的就是它

海底档案

名称：柠檬鲨

体长：2.4~3米

分布：热带海域

食物：硬骨鱼、虾和蟹等

浅海霸主
柠檬鲨

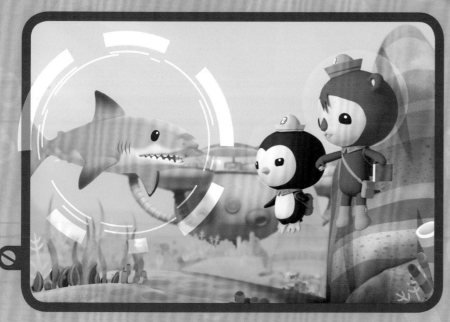

这天，海底小纵队遇到了一只鼻子受伤的黄色鲨鱼。原来它叫柠檬鲨，因为它的身体颜色与柠檬相似而得名。

柠檬鲨的视力不太好，但它们的鼻子上有特殊的感受器，可以帮助它们找到食物。如果鼻子不幸受伤，它们就容易迷失方向。

皮医生：

"虽然柠檬鲨很危险，但我还是会为它包扎好伤口。"

柠檬鲨喜欢生活在温暖的浅水区，它们一般在海水表面活动，背鳍露出水面，缓慢地游动。休息的时候它们会潜入海底，混在海底的沙石中保持静止，以免被敌人发现。

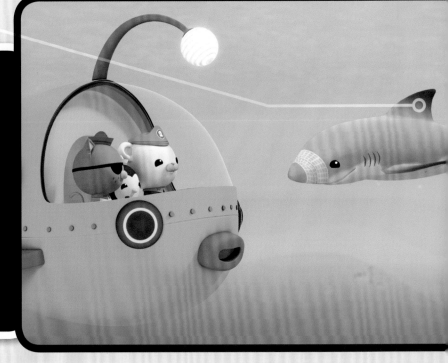

柠檬鲨的性情比较凶残，而且好奇心非常强，会无端攻击靠近它的生物。它们的鳍之间有特殊的腺体，可以散发出柠檬的味道来吸引猎物。

悄悄告诉你

柠檬鲨是群居动物，喜欢成群结队地生活。它们经常成群巡游，和大白鲨不同的是，柠檬鲨不需要不停地游动以保持呼吸。

柠檬鲨的牙齿十分尖锐，能很轻松地咬住表面光滑的小鱼。

柠檬鲨的寿命可达25年。

柠檬鲨幼年时生活在平坦的沙地及红树林一带，长大后则迁徙至较深的水域。

**** 柠檬鲨 ****
海底报告

柠檬鲨肤色黄
从鼻到鳍颜色一样
柠檬鲨都游得快
比起赛来最厉害
感受器在鼻子上
无论去哪里，都能指方向

答：因为柠檬鲨主要依靠鼻子来导航，它们的鼻子上有特殊的感受器。

35

海底档案

名称：湾鳄

体长：可达7米

分布：热带及亚热带湿地

食物：大型鱼类、泥蟹、
海龟等

湿地巨兽
湾鳄

海底小纵队竟然在寒冷的南极海域拍到了湾鳄的照片。湾鳄是鳄鱼中体形最大的，也是世界上现存的最大的爬行动物。

原来湾鳄会在不同的区域之间移动，来保持它所需的温度，而那只湾鳄迷路了，海底小纵队决定将它送回家。

达西西：

"这只湾鳄有公共汽车那么大呢！"

由于南极非常寒冷，湾鳄的身体机能逐渐减慢，进入了睡眠状态。处于睡眠状态时，它们不吃东西，也不呼吸，并且能这样持续很长一段时间。

湾鳄以大型鱼类、泥蟹、海龟等为食物，也会猎捕野鹿、野牛和野猪。它们的咬合力超级强，可以一口咬碎海龟的硬甲和野牛的骨头。

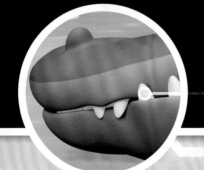

>>>>>海星问答区>>>>> 问：那只湾鳄为什么会出现在南极呢？

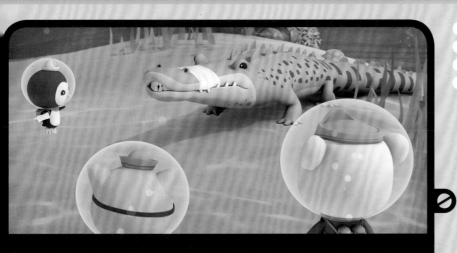

湾鳄一般生活在不同的湿地，如河口、红树林、沼泽地等。跟一般的鳄鱼相比，湾鳄能更好地适应海洋环境。

悄悄告诉你

湾鳄居于湿地食物链的最顶端。

湾鳄经常藏在水中，只露出眼睛和鼻子，一旦受惊立即沉到水下。

湾鳄的咬合力在海洋动物中是数一数二的。

**** 湾 鳄 ****
海底报告

湾鳄有张大嘴巴
长途跋涉离开家
鳄鱼当中它最大
河流大海皆为家
温水最适合居住
环境若变冷，睡觉省体能

答：那只湾鳄为保持适宜的温度，在不同水域之间移动时迷路了。

图书在版编目 (CIP) 数据

海底小纵队·海洋动物大探秘.危险猎手 / 海豚传媒编 . —— 武汉：长江少年儿童出版社，2018.11
ISBN 978-7-5560-8693-1

Ⅰ.①海… Ⅱ.①海… Ⅲ.①水生动物 - 海洋生物 - 儿童读物 Ⅳ.① Q958.885.3-49

中国版本图书馆 CIP 数据核字 (2018) 第 154530 号

危险猎手

海豚传媒 / 编

责任编辑 / 王　炯　张玉洁
装帧设计 / 刘芳苇　美术编辑 / 周艺霖
出版发行 / 长江少年儿童出版社
经　　销 / 全国新华书店
印　　刷 / 佛山市高明领航彩色印刷有限公司
开　　本 / 889×1194　1 / 20　2印张
版　　次 / 2022年2月第1版第2次印刷
书　　号 / ISBN 978-7-5560-8693-1
定　　价 / 15.90元

本故事由英国Vampire Squid Productions 有限公司出品的动画节目所衍生，
OCTONAUTS动画由Meomi公司的原创故事改编。

策　　划 / 海豚传媒股份有限公司
网　　址 / www.dolphinmedia.cn　　邮　　箱 / dolphinmedia@vip.163.com
阅读咨询热线 / 027-87391723　　销售热线 / 027-87396822
海豚传媒常年法律顾问 / 湖北珞珈律师事务所　　王清　027-68754966-227